国家中等职业教育改革发展示范学校建设项目成果

国家中等职业教育改革发展示范学校中餐烹饪与营养膳食专业课程改革创新系列教材

烹饪实训项目指导书

陈坤浩　武小军　雷锡林◎编著

四川科学技术出版社

图书在版编目（CIP）数据

烹饪实训项目指导书 / 陈坤浩, 武小军, 雷锡林编著.
—成都：四川科学技术出版社, 2015.7
ISBN 978-7-5364-8138-1

Ⅰ.①烹… Ⅱ.①陈… ②武… ③雷… Ⅲ.①烹饪—
方法—高等职业教育—教材 Ⅳ.①TS972.11

中国版本图书馆CIP数据核字(2015)第164077号

责任编辑 / 程蓉伟
装帧设计 / 程蓉伟
封面设计 / 程蓉伟
责任出版 / 欧晓春
电脑制作 / 成都华林美术设计有限公司

烹饪实训项目指导书
PENGREN SHIXUN XIANGMU ZHIDAOSHU

陈坤浩　武小军　雷锡林 / 编著

出 品 人	钱丹凝
出版发行	四川科学技术出版社
地　　址	成都市三洞桥路12号
邮　　编	610031
成品尺寸	185mm×260mm
印　　张	3.25
印　　刷	成都市火炬印务有限公司
版　　次	2015年8月第1版
印　　次	2015年8月第1次印刷
书　　号	ISBN 978-7-5364-8138-1
定　　价	19.00元

国家中等职业教育改革发展示范学校中餐烹饪与营养膳食专业课程改革创新系列教材

编写委员会

总顾问

陈克生

主 任

梁 英

副主任

葛惠伟　　　韦昔奇　　　张社昌　　　罗 恒　　　龚兴德

参编人员

（按姓氏笔画排名）

于兴建	毛云龙	王呈乾	朱玉龙	李 进
李海涛	刘 博	刘 源	张 文	陈书伟
苏 立	陈 君	陈 应	张 贵	杨 俊
郑存平	周 宏	岳庞然	赵品洁	祝俊强
贾 晋	唐 博	梁雪梅	梁瑞君	戴青容

前　言

为了更好地适应全国中等职业技术学校烹饪专业的教学要求，并结合我校创办"国家示范校"的良好契机，我校组织部分烹饪专业教学经验丰富的一线教师共同编写了本《烹饪实训项目指导书》。

本次编写工作的重点主要有以下几个方面：

第一，坚持以技能为重，重视对学生实践能力的培养，突出职业教育特色。根据烹饪专业学生毕业后所从事职业的实际需要，进一步加强实训教学效果，以满足企业对技能型人才的需求。

第二，为配合我校正在进行的烹饪专业教学模式改革，深入推进项目教学法的广泛应用，以达到提升学生综合技能的目的。

第三，本书的编写以餐饮行业厨房的实际运作模式为基础，同时结合学生培养的特殊性，重点选择厨房中常见的切配、热菜烹调、主食制作、卫生保洁等工作岗位作为实训项目对学生进行综合技能训练。

第四，书中随文配以相关图片，对每个实训项目的工作流程、环节要点尽可能进行详细说明与指导，对学生参与厨房工作具有很强的实际指导意义。

《烹饪实训项目指导书》的主要内容有：切配岗位实训指导、烹调岗位实训指导、面点岗位实训指导、主食岗位实训指导、保洁岗位实训指导。

编著者

2015年3月

C目录
ontents

实训项目一
切配岗位实训指导

工作流程：

设备工具准备→原料准备→初加工→切配→收捡→冰箱使用维护及清理

一、设备工具

（一）工具介绍

"工欲善其事，必先利其器"。质量优良的工具和高性能的设备，是保证后厨切配水准和效率的前提之一。切配过程中，由于供给烹调所用的原料种类繁多、性质各异，所以要使用的工具也非常多，不同的原料、不同的规格对应不同的工具。切配常用的工具有：

1.切刀

刀身略宽，长短适中，应用范围较广，适合加工各类型、各规格的原料。切刀依据其形状，可分为马头刀、方刀和圆头刀等。

2.片刀

重量较轻，刀身较窄且薄，钢质纯，刀口锋利，使用灵活方便。主要用途是加工片、条、丝等原料形状。

3.砍刀

刀身比切刀、片刀长且宽、重,呈拱形。主要加工带骨或质地坚硬的原料,是一种专用刀具。

4.尖刀

刀身前尖后宽,基本呈三角形,重量较轻。多用于剖鱼或剔骨。

5.前切后砍刀

刀身大小与一般切刀相同,刀的后半部较切刀略厚,前半部分薄而锋利,重量一般在1000~1500克。特点是既能切又能砍。

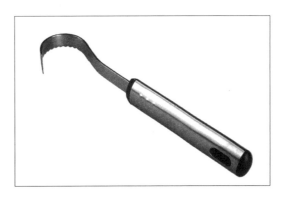

6.刮刀

体型较小,刀刃不甚锋利。多用于刮去砧板上的污物,有时也用于鲜鱼去鳞。

7.磨刀石

常用的磨刀石有粗磨刀石、细磨刀石和油石三种。粗磨刀石的主要成分是黄沙，质地松而粗，多用于磨有缺口的刀或新刀开刃；细磨刀石的主要成分是青砂，质地坚实，容易将刀磨快而不易损伤刀口；油石窄而长，质地结实，使用方便。

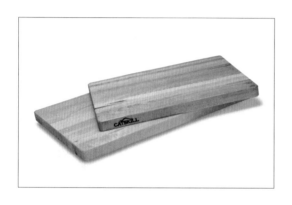

8.砧板

又称菜墩、菜板、剁墩，是对原料进行刀工操作时的衬垫工具。从材质上区分，有竹质砧板、木质砧板和塑料砧板等，并有多种造型和多种厚度可供选择。

9.盛器

在厨房，盛器是盛放、收捡和整理原料的器具。由于原料的品种形态繁多，要求使用的规格和形态也各异。厨房常用的盛器有碗、餐盘、盆子、托盘、桶、保鲜盒等，可根据具体需要选择使用。

（二）工具的使用与保养

工具的选择、使用和保养方法是否得当，直接关系到加工操作和加工原料品质的好坏，必须高度重视。

1.刀具的一般保养方法

在用刀具进行切配过程中，必须养成良好的操作习惯和使用方法。刀具使用结束后，应先冲洗干净，再用清洁的抹布擦干水分，特别是切过咸味、带有黏性或腥味的原料。因为切过这类原料后，黏附在刀面上的物质易使刀身氧化、变色、锈蚀。长时间不用的刀具应擦干水分后在其表面涂上一层油脂,以防生锈。刀具使用完后,应放在安全、干燥处,既可防止刀刃损伤或伤人,又可避免刀具锈蚀。

2.磨刀的方法

磨刀前,先把刀面上的油污擦洗干净,再把磨刀石安放平稳,以前面略低,后面略高为宜,磨刀石旁边放一碗清水。磨刀时,一般是先在粗磨刀石上将刀磨出锋口,再在细磨刀石上磨出锋利的刀刃。磨刀时用力要均匀,当石面起砂浆时再淋水;刀的两面及前后中部都要轮流磨到;然后将刀刃朝上,放在眼前观察,如果刀刃上看不见白色的光亮,表明刀已经磨好。也可将刀刃轻轻放在手指甲盖上,以刀自身重量前推或后拉,如有涩的感觉,即表明刀口已经锋利,采用这种方法必须注意安全。

3.砧板的保养方法

在砧板的使用过程中,应经常转动砧面,使砧板的表面各处都能均匀用到,尽量延缓砧面凹凸不平现象的产生。每次使用完毕后,应将砧面刮净。一天工作结束后更应该将砧面刮净、刷净、晾干,用洁布或墩罩罩好。木质砧板切忌在太阳下暴晒,以防干裂。

(三)厨房用具管理的注意事项

厨房用具管理是一项长期而具体的工作,要根据用具的性能和特点,结合后厨切配工作的性质和要求,制定切实可行的设备用具管理制度,这是厨房管理的基础工作。

1.专心工作,集中精力

切配工作中,不仅要求操作人员的技术提升,还要求心理素质的过硬。切配工作过程中要接触和使用各类刀具,工作性质相对危险,所以操作人员应静心、专心,不要带着情绪操作。

2.编号登记,定点存放

由于厨房刀具与设备种类繁杂,在使用过程中应对其适当分类、成套摆放、编号登记。对于常用的用具应根据其制作工艺流程,合理设计摆放位置,对于一般的工具要做到合理使用,定点存放。

3.明确责任,专人管理

厨房设备、工具是根据厨房工作的内容而购置设立的,有的厨房工具是专用的,有的是交叉使用的。为了防止厨房设备出现有人使用而无人保养、维护的情况,厨房设备、用具必须由专人专岗负责保管。

4.防止污染,定期养护

在厨房工作中,工具与设备的清洁卫生很重要。加强卫生防护,可以避免造成食品污染、交叉污染的危险。在厨房中应做好以下几个方面的工作:

①工具与设备必须保持清洁,并定时严格消毒。

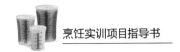

②用于生熟制品的工具,必须严格分开使用,以免交叉感染。

③对工具与设备要定期检修,禁止用具带"病"运行,违禁操作。

二、原料准备

烹饪原料是烹饪的基础,俗话说"巧妇难为无米之炊",有了原料并不意味着可以直接进行烹调,绝大多数原料都需要经过初加工,甚至精加工的处理之后才能为烹调所用。烹饪原料种类繁多,要经过初加工处理的原料主要可以分为两大类,即动物性原料和植物性原料。

原料的初加工就是将烹饪原料中不符合食用要求或对人体有害的部位予以清除和整理的一种加工程序。初加工的常用措施主要有摘剔、洗涤、加热、消毒等。遴选合格的原料,可参照下列内容进行初加工:一是去除原料中不符合食用要求的夹杂物;二是有些原料虽局部变质或有害,但去除这部分后仍可食用;三是因原料组织粗老或带有异味而不能食用,必须经过初加工予以去除。

三、原料初加工

(一)植物性原料的初加工

1.摘剔加工

摘剔加工的任务是将原料中不能食用的老根、叶黄、籽核、内囊、虫斑等部位进行剔除,为进一步加工奠定基础。

(1)基本要求

①根据原料的特征进行加工。加工时要根据原料的形状、品种、成熟度的不同选择具体的加工方法。在摘剔时要尽量保持可食部位的完整性,使原料的成型不受破坏。

②根据成菜的要求进行加工。同一原料根据成菜的要求不同而要采取不同的摘剔方法。

③根据节约的原则进行加工。加工时要避免浪费,切忌随心所欲,应尽量保留原料的可食用部位。

(2)常用方法

一般根据原料的质地、形态来选择具体的加工方法,对蔬果原料的摘剔加工主要有摘、剥、撕、刨、刮、剜等方法。

2.洗涤加工

原料经过摘除、削剔加工处理后,还需要进行洗涤加工,以进一步去除原料的泥沙、杂物、化学污染物,确保使用安全和食品卫生。

(1)流水冲涤

将摘剔后的原料放入流动的水中冲洗,把吸附在原料表面的泥沙和农药冲洗干净。

（2）盐水洗涤

此法主要适用于虫卵较多的蔬菜原料。但盐水的浓度一定要掌握好,浓度较低幼虫不容易逼出来,浓度太高又会把幼虫淹死在里面。一般控制在20~30克/升为佳,浸泡时间20分钟左右,盐水与原料的比例不低于2:1。

（3）高锰酸钾溶液洗涤

此法主要适用于直接生食的蔬果原料。方法是将冲洗干净后的原料先放入调好的高锰酸钾溶液(浓度为2~5克/升)中浸泡5分钟左右,起杀菌消毒的作用。食用前再用凉开水把原料冲洗一下即可。

（二）动物性原料的初加工

动物性原料的品种很多,形态多样,加工和处理方法也因具体品种的不同而各有差异,归纳起来主要有宰杀、体表加工、开膛和洗涤工作三大类。

1.宰杀

动物的宰杀多采用放血宰杀。放血宰杀是指用刀割断动物的喉部气管和血管,然后将血液放出致死。宰口的大小要控制好,既要便于放血,又不能破坏整体外形。放血时一定要将血液淋尽,否则颈部会因出现瘀血而影响原料品质。动物的血液也是很好的烹饪原料,放血前应准备一个盛器,在盛器中放入20克/升左右的盐水,水量与血量之比为2:3。

2.体表加工

（1）煺毛

煺毛主要针对家禽和畜肉类原料,一般采用湿煺法。在选择湿煺法时应根据季节和原料的老嫩掌握好水的温度,温度低不易煺毛,但温度过高又会破坏表皮,温度一般在80℃左右。

（2）煺鳞

绝大多数鱼身表面都有质地坚硬,起保护鱼体作用的鳞片,一般不具有食用价值,加工时应去除。刮鳞时用刀或特制的耙,从鱼尾至头逆鱼鳞生长方向刮去鳞片。鱼皮质地较嫩,特别是头部的形状不平整,容易划破表皮,加工时要控制好力度和深度。

（3）开膛

开膛目的是为了清除内脏,但开膛的部位则需根据具体菜肴的要求进行选择。开膛后需将所有内脏全部掏出,然后进行分类整理。掏除内脏时一定要小心有序,如果弄破了胆、肠和嗉囊,会给清理工作带来很大麻烦。

（4）清洗

动物性原料的洗涤主要是冲尽血污,进一步去尽体表的杂物。洗涤方法多采用流水冲洗。清洗时要特别注意动物的嘴部、颈肉、肛门等部位。

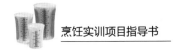

四、切配

1.检查原料质量

切配前应首先检查原料是否新鲜,有没有腐烂变质的情况,有如无出现非正常的变色、异味、粘手等现象。若对原料质量产生怀疑,应及时请示有关老师进行处理。

2.原料初步加工符合切配要求

原料初步加工应严格控制好合理的出净率,避免原料的不正常损耗。

原料出净率=净菜÷毛菜×100%。

清洗初步加工的原料,如洗净残渣、血污等。

3.切配操作要求

切配时注意集中精力,保持正确的切配操作姿势。

4.按烹调要求进行切配

①按烹调要求的规格进行切配处理,做到规格均匀。

②根据动植物纤维的情况切配,横切牛肉顺切鸡。

③根据烹调时加热时间长短和原料质地确定原料的加工规格。

5.原料用途及去向

(1)切配好的原料 ⎰ 放入盛器交热菜组烹调
⎱ 暂时存放于冰箱

(2)边角余料→留作他用,如熬汤、做泡菜、做肉馅等。

(3)废料 ⎰ 变废为宝,巧妙利用。如香菜根洗净做凉拌菜等。
⎱ 不做利用,直接放入专用垃圾桶。

6.卫生习惯

①切完原料前后认真洗手。

②不随地吐痰。

③不在厨房内吸烟。

④不乱扔垃圾。

⑤不在身上东抓西挠。

⑥不用工作服或围裙当抹布擦手。

7.劳动保护

①刀把和握刀的手保持清洁无油。

②刀刃保持锋利,避免钝刀扎起原料上打滑伤手。

③携刀时,右手紧握刀柄,紧贴腹部右侧。切忌刀刃向外,手舞足蹈,以免误伤他人。

④操作完毕后,刀刃朝外,放置砧面中央。前不出刀尖,后不露刀柄,刀背、刀柄都不应露出砧面。

⑤砧板保持平稳,可以在砧板下垫上毛巾增加稳定性。

⑥不准将刀刃垂直朝下剁进砧板,或斜着将刀跟插进砧板等。这些不良动作习惯既伤刀,又伤砧板,也易伤人。

⑦搬起重物时,最好单膝跪地双腿用力,合理运用腰力;脚下一定踩稳,避免打滑,不随便扭转腰部;一个人不能搬动的重物要请人帮忙,不能逞强;远距离的重物搬运可借助推车或两人抬行。

⑧操作过程中注意安全,如发生意外,轻微创伤用碘酒和创可贴简单包扎即可;创伤面积过大、过深、过疼,应及时上报老师,同时作好简单的应急处理,及时安排送往医院治疗,必要时及时拨打"112"急救电话。

8.环境保护

节约用水用电,不放长流水,不亮无人灯。

五、收捡工作

(一)原料

(1)没有用完的原料 ┤ 退回菜架 └ 找盛器密封放于冰箱

(2)切配完成的原料 ┤ 交热菜组烹调 └ 密封放于冰箱存放

(3)原料保存

经过摘剔和洗涤后的原料保存能力减弱,比加工前更容易发生变色、变味反应,且保存时间变短,所以必须采取有效的措施保护好原料的色彩和风味。

①保色措施。蔬果原料经过加工去皮后,容易发生褐变反应,与空气接触的时间越长,变色越深,应立即浸入到稀酸或稀食盐水中保色。

②保鲜措施。洗涤后的果蔬原料应放在网格上沥去水分,但不宜堆放过紧、过实。不能将湿的原料封在塑料袋中,使原料变味变质。不能将原料放在灶台边或阳光下,高温会使原料干缩枯萎,失去爽脆的质感。

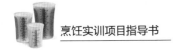

（二）清洁卫生

①工具。用热水、洗洁精、毛巾、清水清洗刀具、砧板、盛放容器。做到洗净无残渣、无残留、无水渍。

②操作台。用热水、洗洁精、毛巾、清水抹洗操作台面及四周表面。做到洗净无残渣、无残留、无水渍。

③地面。用热水、洗洁精、扫把、清水刷洗地面、地沟,用拖布拖干地面水渍。

④垃圾。两人将垃圾桶内的垃圾运往垃圾库倾倒垃圾,若垃圾太重,可将其分为两桶进行处理。戴上橡胶手套用热水、洗洁精、清洁球擦洗垃圾桶,再用清水冲洗垃圾桶,做到无残渣、无残留、无明显水渍。

⑤毛巾。用热水、洗洁精、清水清洗。做到无残渣、无残留、无水滴,摊开晾挂。

（三）工具回归原位

①刀具。放回刀架或指定位置。

②砧板。立放于指定位置。

③盛器。放于指定位置。

④毛巾。展开挂于指定位置晾干。

（四）劳动保护

搬运过重物品,务必寻求他人帮助,如切配好的原料、过重的垃圾等。

（五）环境保护

所有工作人员离开后,请自觉关火、关灯、关水。

六、冰箱的使用、维护、摆放、清洗

（一）冰箱的使用

①先用温水将冰箱各处擦洗干净,再用清水擦洗后,用干布擦干水渍。

②通电后调节温度,待冰箱完全冷却后再放入原料。

③一是设定好温度后,不要频繁调整;二是设定好保存原料所需的温度,即保鲜、冷藏、冷冻。

（二）冰箱的维护

①定期检查通电和卫生情况(每天一次)。

②定期清洗冰箱,以免细菌感染原料,保持冷凝器良好的散热条件(每周一次)。

③定期检查原料存放情况（每天一次）。

④尽量减少冰箱开门次数和时间，以免因温度变化频繁或过高影响存放原料的品质。

⑤根据季节的不同设定冰箱的温度，以免增加电耗。

（三）原料的摆放原则

1.上下前后原则

冰箱各区域温度不同，因此应根据原料存放的具体要求，分别放入不同的区域内。以冷藏室为例，冷藏室里的温度并不是恒定的，一般来说，上层比下层温度高，冰箱门口处温度最高，靠近后壁处温度最低，因此，食物摆放时必须区别对待，比如，一两天内就需使用且容易保存的原料可以放在靠近冰箱门的部位；易变质的原料应放在冰箱后壁和下层。

2.分格式原则

①原料不可生熟混放在一起。如生肉和熟肉。

②易串味的原料应该用保鲜膜或用干净的塑料盒单独保存。如海鲜、羊肉等。

③热的食物未冷却前不得直接放入冰箱。

④按原料的种类分门别类摆放。

3.先进先用原则

即先放入的原料先用，后放入的原料后用，避免因存放时间过长而导致变质。

4.定位摆放原则

冰箱内原料的摆放位置应按照规定顺序摆放，具体内容如下表所示。

冰箱的定位摆放				负责组长		
左上角			右上角			
左下角			右下角			
该组应按照要求定期检查及整理，做好清洁；原料摆放位置与定位标识对应准确，保证原料的质量。						温度控制 —℃

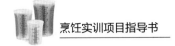

（四）冰箱的清洗

①清洁冰箱前，必须先切断冰箱电源，将冰箱内的原料拿出。

②用抹布蘸取加有洗洁精的水擦洗各附件，清洗完毕以后，用抹布擦干，或放在通风干爽的地方让其自然风干。

③冷冻室自然化霜后用干抹布擦干水分。

④先对冰箱外壁和门体进行清理，可用微湿柔软的布擦拭冰箱的外壁和拉手，油渍较多的地方，可蘸取洗洁精擦洗。

⑤用抹布蘸上清水或洗洁精，轻轻擦洗冷藏内胆，然后蘸清水再擦洗一遍（清洁冰箱的"开关"、"照明灯"和"温控器"等设施时，必须把抹布拧干）。

⑥用毛巾擦拭干净冷冻室的冰霜融水，切忌用尖锐的物品铲除冷冻蒸发器板上的结冰，否则容易损伤蒸发器，导致冰箱故障。清洗完毕后将门敞开，让冰箱自然风干。

⑦冰箱冷藏、冷冻室内胆清理干净后，清理冰箱门胆。冰箱门封都是可拆卸的，拆卸门封条的时候不要用大力拉扯，以免拽坏门封条。门封条可用醋擦拭，既可起到消毒、杀菌的效果，也方便清洗。

⑧先用软毛刷清理冰箱背面的通风栅，再用干抹布擦干净。

⑨清洁完毕后插上电源，检查温度控制器是否设定在正确位置。

⑩冰箱运行1小时左右时，检查冰箱内温度是否下降，最后将原料放进冰箱即可。

实训项目二
烹调岗位实训指导

工作流程：

设备工具准备→原料准备→烹调→盛装销售→收捡工作

一、设备工具准备

（一）设备介绍

1.炉灶

（1）燃气炉灶简介

鼓风式燃气炉灶又称鼓风燃气炒炉，由台面、侧板、炉具燃烧器、鼓风机、主火燃气阀、水阀、承力架、承力脚等构成。其中，台面材料、面板和侧板均用不锈钢板；炉具用鼓风炉头，鼓风机为中压风机，主火控制开关采用专用煤气阀；承力架为角钢，承力脚用不锈钢可调节脚。鼓风燃气炒炉可适用气体为天然气、液化石油气，具有节能、环保的特点，火力迅猛、调节快慢随意、操作方便、安全可靠。鼓风式双头燃气炒炉是中餐厨房的重要炉具设备之一。

（2）炉灶的正确使用方法

①准备工作。打开鼓风机开关和灶头的风阀，排除灶内的余气后再关闭灶头的风阀。关闭炒灶的全部燃气阀，然后打开燃气管道上的总阀。

②点火顺序。打开点火枪气阀并将其点燃，再将点火枪靠近灶头的常明火处，打开火种气阀并点燃火种，再打开主火燃气阀，点燃燃烧器。接着打开鼓风机和风阀，使火焰猛烈燃烧。

③火焰调节。通过灶台气阀和风阀调节火焰的大小。

④停火顺序。先关闭燃气总阀，然后关闭风机开关、灶头气阀（包括常明火阀）和风阀。

（3）炉灶的清洁与维护

①每班烹调作业完成后，要保持灶台的清洁卫生。在清洗灶体时，不要用水冲洗，以免风

机电机因进水而造成短路等故障,甚至引发安全事故。

②对燃烧器头部的污物要定期清理,以免堵塞部分出火孔而产生黄色火焰。如出现火孔或喷嘴堵塞现象,可用与孔径相适应的钢针疏通,但切勿用力过猛而将喷嘴孔扩大。

③定期擦拭排烟罩的油污,以免影响排烟效果。

④经常检查供气配套设施,如输气管头、燃气阀等是否有漏气现象,软管是否老化,接头固定卡是否松动等。

2.煲仔炉

(1)燃气煲仔炉简介

燃气煲仔炉采用燃气加热,具有节能、环保、持续保温、小火加热的特点。根据操作方式的不同,可分为台式煲仔炉和立式煲仔炉。

(2)煲仔炉的正确使用方法

①准备工作。打开燃气管道上的总阀。

②点火顺序。打开点火枪气阀并将其点燃,再将点火枪靠近灶头的常明火处,打开火种气阀并点燃火种,再打开主火燃气阀,点燃燃烧器。

③火焰调节。通过灶台气阀调节火焰的大小。

④停火顺序。先关闭燃气总阀,然后关闭灶台气阀(包括常明火阀)。

(3)煲仔炉的清洁与维护

①每班烹调作业完成后,要保持灶台的清洁卫生。在清洗灶体时,不要用水冲洗,以免燃烧器进水而堵塞气孔。

②对燃烧器头部的污物要定期清理,以免堵塞部分出火孔而产生黄火焰。如出现火孔或喷嘴堵塞现象,可用与孔径相适应的钢针疏通,但切勿用力过猛而将喷嘴孔扩大。

③经常检查供气配套设施,如输气管头、燃气阀等是否有漏气现象,软管是否老化,接头固定卡是否松动等。

(二)工具

炒勺、刷把、清洁球、随手毛巾、干净毛巾、盛菜器皿等。

二、原料准备（调味品、油脂和主辅料）

(一)调味品

调味品是指能增加菜肴的色、香、味,促进食欲,有益于人体健康的辅助食品。它的主要功能是增进菜品质量,满足消费者的感官需要,从而刺激食欲,增进人体健康。调味品中的特殊成分,能除去烹调主料的腥膻异味,突出菜点的口味,改变菜点的外观形态,增加菜点的色泽,并以此促进食欲,杀菌消毒,促进消化。

烹饪中所用的调味品按其味别不同,可分为单一调味料和复合调味料。单一调味料按味别又可分为以下五大类,即咸味调味品、甜味调味品、酸味调味品、鲜味调味品和香辛味调味品,如食盐、酱油、醋、味精、糖、八角、茴香、花椒、芥末等都属此类。

1.常用调味品

①咸味调味品:食盐、酱油、豆豉等。

②甜味调味品:白砂糖、冰糖等。

③酸味调味品:食醋、番茄酱等。

④鲜味调味品:味精、鸡精等。

⑤香辛味调味品:辣椒、胡椒、花椒、花椒面、花椒油、八角、小茴香、桂皮、丁香、芝麻油、陈皮、豆蔻、草果等。

2.不常用调味品

①红糖、赤砂糖、绵白糖等。

②柠檬汁、白醋、草莓酱、山楂酱、木瓜酱、酸菜汁等。

③茶叶、苦杏仁等。

3.调味品的领用

①检查头一天所剩余的原料和产品,估计客情,做到物尽其用。

②按照预计的业务量在头一天开列《申购单》领取原料,将领取的各种调味料进行品质检验,凡不符合质量要求的一律拒绝领用。

③调味品做到先领先用。

4.调味品的摆放原则

调味品的一般放置原则是:先用的放得近,后用的放得远;常用的放得近,少用的放得远;有色的放得近,无色的放得远,同色的间隔放置;湿的放得近,干的放得远。有时还要考虑其他因素,如糖、酒、盐等应放得离炉口较远,因为它们都是无色的调味品,取出时若滴入前排的酱油或油的器皿内影响不大,但如果相反排列,把酱油、醋、油等滴落到盐、糖的器皿就不好。又如,油、酱油、醋、湿淀粉的使用频率较高,使用范围大,而且烹调时往往是先用油、酒、酱油,后用糖、盐等。所以,应把油、酒等排列在前列,糖、盐等排在后列。必须强调的是,盐、糖、味精的颜色很相似,必须隔开放置,以免错用。

（二）油脂

烹饪油脂是油和脂肪的统称。油脂是脂肪族羧酸与甘油所形成的酯,在室温下呈液态的称为油,呈固态的称为脂肪。

（1）干净油

未曾使用的油称为干净油。

（2）二次油

使用过一次或一次以上的油称为二次油。

（3）混合油

油和脂肪的混合物或干净油和二次油的混合物称为混合油。

（4）油脂的正确使用和处理

在烹饪中避免高温长时加热。油烧七分热就好，尽量不要热到冒烟才烹调食物。

油脂是人体不可缺少的营养素，又是烹饪和食品加工中的重要原料。在食物加工过程中一般都需要加热，使食物在油脂中尽快熟透，又能很快降温，保证营养成分的保留；脂溶性营养素和油脂混合便于人消化吸收；油炸食品能够起酥，能改善食物的口感和口味；油脂还能起到润滑作用，改变食物外观，使色泽和外形好看。但是加热后的油脂会改变自身的性状，所以对油脂加热后的改变不能不做一些了解，以利于饮食健康：

①水解反应。正常温度下，油脂不溶于水，但在高温作用下，脂肪会溶于水，最终产物是甘油和脂肪酸。温度越高，加热时间越长，水解程度就越大。油脂水解度和油脂的游离脂肪酸含量有关，游离脂肪酸的含量增加，会引起发烟点（油脂加热到表面冒出青烟的温度）降低，油脂发烟点低，说明油脂品质较差。质量差的油脂加热温度不高就会发烟，会影响食物的风味和菜肴的质量，还会影响食物的营养价值。

②热分解反应。油脂加热后，由于温度的作用会发生分解，分解物有酮、醛、游离酸等，烹饪中的蓝色烟雾，就是甘油高温分解生成的丙烯酮，这时的油脂已经发生了热分解。加热到150℃以下，热分解程度降低，分解产物少；加热到290~300℃时，分解作用加剧，分解物增多。

油脂热分解的发烟点和油脂的种类有关，植物油、猪油、牛油的分解温度，在180~250℃；黄油的分解温度在140~180℃。

油脂的热分解发烟点还和油脂的质量和新鲜度有关。发烟点低的油脂，不但杂质多，影响菜肴的色泽、风味，同时也降低了油脂的营养。油烟的大量发生会对环境产生很大的影响，刺激人体器官，有碍健康。因此最好选用新鲜、质量好的植物油，注意控制温度在150℃以下，既能保证油脂的质量及菜肴的色、香、味、形，还可以防止高温产生有毒物质影响健康。

③热氧化聚合反应。油脂加热到200~300℃，并与氧直接接触，能引起氧化聚合。随着氧化聚合的增加，不但油脂会增稠，还会引起油脂起泡，并附着在煎、炸食物的表面。氧化聚合反应能从高温的油脂中分离出有毒的二聚体，这种二聚体被人体吸收后会与酶结合，使酶失去活性，从而引起生理异常现象。

氧是促进热氧化聚合反应的重要因素,因此,在烹饪中采用密闭煎、炸设备可以有效减少和防治与空气接触面积,减轻热氧化聚合反应程度。

金属也能促进热氧化聚合反应,所以,用作油炸食品的锅,最好使用不锈钢锅,因为铁和铜也能加剧氧化聚合反应。使用铁锅油炸食品,在使用后不要用力刷洗,用过的铁锅会形成一层保护膜,能够有效降低热氧化聚合反应的程度。

(5)不同的烹调方式使用不同的油

凉拌或熟食拌油可利用发烟点低但富含单或多不饱和脂肪酸的油类(如橄榄油、芝麻油、花生油、山茶籽油等);一般的煎炒仍可用已提高发烟点的精制大豆油或玉米油、葵花籽油等富含单及多不饱和脂肪酸的油脂。只有在大量煎炸食品时,考虑烤酥油、棕榈油、猪油等高饱和脂肪酸的高发烟点的油脂。

(6)区别对待新油和旧油

用过的油,不要倒入新油中,炸过的油来炒菜为宜,且尽快用完,切勿反复使用。当油颜色变深,质地变稠,油质混浊,在使用过程中产生如螃蟹吐出的气泡时,应果断丢弃,不可再用。

(7)防止油脂变质的措施

①提高油脂的纯度,减少残渣存留,避免微生物污染。在干燥、避光和低温条件下储存。

②限制油脂的水分含量。根据国家的有关规定,食用油中的水分含量不得超过0.2%。烹饪加工使用过的油脂水分含量会增多,因此,不要与新鲜的油脂混合,必须单独存放,且不能久存。此外,盛装油脂的容器要干燥、清洁。

③阳光和空气会促进油脂的氧化,所以油脂宜存放在暗色(如绿色、棕色)的玻璃瓶中或上了釉的陶瓷器皿内(不要让油脂接触到有彩色釉的部分,彩色釉一般都含有铅,会把铅稀释进油里),放置在阴暗处,最好密封,尽量避免与空气接触。

④金属(铁、铜、铅等)能加快油脂的酸败,所以储存油脂的容器不应含有铁、铜、铅等成分。

⑤在油脂里添加一定量的抗氧化剂能防止油脂氧化,但要注意所使用的抗氧化剂的卫生要求。

⑥市面上售卖的塑料桶装的油脂,存放时间不能太长。

(8)油脂的处理

这里主要指未用完的干净油和二次油。对于干净油(倒出未用完的),直接保留在盛放油脂的油缸里即可。而二次油要根据其食用价值的高低决定继续使用还是当作废油处理。

使用后的食用油在高温加热后会产生对人体有害的致癌化学物质,尤其在经过200℃高温加热后的食用油,含有大量的3,4-苯并芘,这样的油绝对不能再次使用。

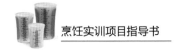

（三）主辅料

除了调味品和油脂以外，还有一部分原料是构成菜肴必不可少的主角，这就是主辅料。下面分别进行介绍。

（1）主料

主料是指制作具体某个菜点所需的主要原料，如青椒肉丝里的肉丝，芋儿烧鸡里的鸡块，蒜苗回锅肉里的二刀肉等。

（2）辅料

辅料是指制作具体某个菜点所需的辅助原料，如青椒肉丝里的青椒，芋儿烧鸡里的芋儿，蒜苗回锅肉里的蒜苗等。

（3）小宾俏

小宾俏是指制作某个菜点所需的仅次于辅助原料的那部分原料，如姜片、蒜片、马耳朵葱、马耳朵泡椒、姜米、蒜米等。

三、烹调过程中的注意事项

①清点烹制时必备的工具、用具，将其清洁、整理、归顺。

②提前加工好需要用到的汤料、调味汁，以及各类浆、糊。

③根据当日菜肴需求及烹调要求，对不同性质的原料进行初步熟处理，如焯水、水煮、过油、气蒸、走红等。

④根据当日菜肴需求及经营需要，对部分菜肴提前加工烹制并合理放置。

⑤根据菜肴的成熟时间合理安排出菜时间，使出菜时间提前或与开餐时间同步。

⑥根据经营情况，及时补充或替换在售菜品。

四、盛装销售

（一）留样检查

将昨天的留样品扔掉并清洗干净盛器，将当天烹调成熟的菜品盛放在干净的盛菜器皿内，用保鲜膜封起，做好留样登记工作，放入留样柜中放置24小时。

（二）卫生

将烹调成熟的菜肴盛放在干净的盛菜器皿内，并用干净毛巾擦拭器皿旁边的汤汁等。

（三）展示摆放

将已盛装的菜肴根据要求放到指定的售卖窗口。

（四）保温

根据具体情况对盛放的菜肴进行恰当的保温。

五、收捡工作

经营结束后，妥善保管好剩余菜肴及调味品，关闭炉火，擦洗炉灶、工具，清洁整理工作区域，并将工具、用具合理归位放置。

（一）烹调间卫生

清洗炉灶的卫生；收捡调味品，对部分调料缸进行替换并清洗；清理地面卫生。

（二）售卖间卫生

①清洗售卖操作台卫生；收捡未售卖完的菜肴；清理地面卫生。

②收捡没使用完的原料。

③将没使用完的原料退回切配组保存，以便下一餐或次日使用。

④没有售卖完的菜肴的收捡与处理：

A.没有售卖完的菜肴的去向 ┤ 作为工作餐菜肴食用 / 找容器用保鲜膜密封密闭放于冰箱冷藏或冷冻

B.交接使用过的容器：将使用过的容器交保洁组清洗。

六、安全操作注意事项

烹调操作人员在工作期间务必注意以下事项：

①尽量避免油水滴落在工作区域的地面上，若有不慎将油水等液体洒落到地面，务必及时用干的拖布处理干净，以防止打滑摔伤事故的发生。

②勺把和握勺的手保持清洁无油，防止因手滑出现炒勺滑脱造成意外。

③锅里烧油时，任何人不得以任何理由脱岗，以防止出现热油燃烧引发的失火事故。

④在制作油炸食物时，务必注意油和原料的比例，严格防止炸制时油的泡沫溢出锅外，发生燃烧及伤人事故。

⑤搬起重物时，最好单膝跪地双腿用力，合理运用腰力；脚下一定踩稳，避免打滑，不随便扭转腰部；一个人不能搬动重物时要请人帮忙，不能逞强；远距离的重物搬运可借助推车或两人抬行。

⑥操作过程中注意安全，如发生意外，轻微创伤可用碘酒和创可贴简单包扎即可；若创伤面积过大、过深、过疼，应及时上报老师，同时作好简单的应急处理，及时安排送往医院治

疗，必要时及时拨打"112"急救电话。

七、卫生习惯

①切完原料前后认真洗手。

②不随地吐痰。

③不在厨房内吸烟。

④不乱扔垃圾。

⑤不在身上东抓西挠。

⑥不用工作服或围裙当抹布擦手。

八、环境保护

节约用水用电，不放长流水，不亮无人灯。

实训项目三
面点岗位实训指导

工作流程:

设备工具准备→原料准备→面点产品制作→销售→收捡工作

一、设备工具的准备

(一)工具介绍

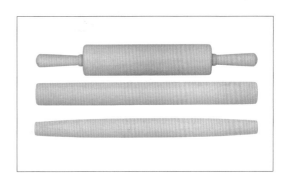

1.擀面杖

擀面用的木棍儿,是面点制作中不可缺少的工具,样式非常多,如单手杖、双手杖、橄榄杖、通心槌等,用途各有不同。

(1)单手杖

即小(短)擀面杖,使用时单手握杖,擀时掌心稍用力并均匀。在面点中使用最多,常用来擀制饺子皮、包子皮等。

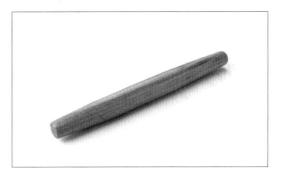

(2)双手杖

即长擀面杖,使用时需双手握杖。一般用来擀制手工面条、手工抄手皮等。随着机械化程度越来越高,双手杖的使用频率越来越少。

(3)橄榄杖

长短同单手杖,呈橄榄形,即中间粗两端细。使用时双手要和橄榄杖默契配合才能快速擀出面皮,是擀制荷叶边形状的专用工具,也可用来擀饺子皮、包子皮等。

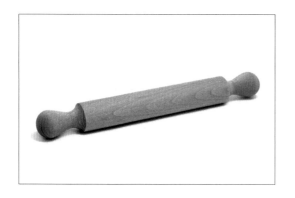

（4）通心槌

又称为滚筒，主要用来擀制大量、大形的面皮，相对较为省力。使用时两边用力要均匀，并且最好做到一次擀平，一般用于起酥皮、手工面条的制作。

2.刮板

又称面刀、面铲，有不锈钢和塑胶两种不同材质，塑胶刮板又有软质和硬质之分。主要作为和面工序的辅助工具，完成一些"铲"和"切"的动作。另外，还可用于清洁案板、烤盘等。

3.打蛋器

又称蛋抽，常见为不锈钢材质，有不同大小规格。主要用作搅打蛋液、奶油等。

4.工作台

面点操作台又称为案板，常见的有木质、大理石和不锈钢三种材质的工作台。木质工作台　一般采用枣木、松木、柏木等硬质木料制成，主要用于和面、揉面等工序，散热性较好。

5.和面机

和面机是面点制作中最常见的机械，主要有卧式和立式两大类型，根据工艺要求有的和面机还有变速、调温和自控装置。在饮食行业广泛运用，主要用于大批量面团的调制，如制作面条、馒头、饺子的面团。另外，由于其对面团的拉伸作用较小，也适用于酥性面团的调制。

6.多功能搅拌机

又称打蛋机，是一种转速很高的搅拌机。根据所使用搅拌桨的不同，搅拌机也会有不同的适应性。比如球形搅拌桨适于搅拌蛋液、蛋糕糊等黏度较低的物料，扇形搅拌桨主要用于搅拌糖浆、甜馅等膏状物料和馅料，钩型搅拌桨适于搅拌筋性面团等高黏度物料。一般使用的多功能搅拌机为立式。

7.绞肉机

绞肉机除了用来绞肉以外，餐饮行业还常用于绞蒜。绞肉时需把皮去掉并将肉分割成小块。肉馅的粗细可由两方面控制，一是绞肉的次数，绞肉次数越多，肉馅越细；二是由刀具（板眼）决定，可根据使用需要随意调换粗细板眼，以加工不同规格的肉馅颗粒。

8.磨浆机

磨浆机主要用来磨制豆浆、米浆等。可用于大米、杂粮等的粉碎。

9.压面机

压面机是利用光滑轧辊将松散的面团轧成紧密的、规定厚度的薄面片（压面过程会促进面筋质规则延伸，形成细密的面筋网络），再将压面机的光滑轧辊换成齿形活动轧辊压切成面条。通过调节齿形轧辊的齿距，便能得到不同宽窄的面条。可加工面片、面条、抄手皮等。

10.醒发箱

醒发箱即发酵箱，能调节和控制发酵箱内的温度和湿度，主要用于面包发酵和醒发，也可用于馒头、包子类发酵面团的发酵和醒发。使用时注意水槽里面的水是否到达水位线，以免发热管干烧，造成损害。

11.烤箱

烤箱广泛运用于烤制面点的制作，有电热式和燃气式两种烤箱，以电热式烤箱较为常见，多为隔层式结构，层层之间彼此独立，底火、面火分别控制，可实现多种制品同时烤制，效率高，节约能源。

12.电炸炉

电炸炉具有自动调温、恒温、控温功能，导热快，受热均匀的优点。以前在西餐中广泛运用，现中餐中点也较多地使用。

13.电饼铛

电饼铛常用来煎、烙面点制品,具有自动调温、恒温、控温功能,操作简单,较易控制产品的品质。

14.秤具

厨房常用称具的称量范围多为1克~5000克,最大为8000克,主要用于面粉、白糖、泡打粉、小苏打、酵母等较小量原料的称量。

15.量杯

量杯有不锈钢、塑胶等材质,是针对水、油等液体原料的计量器具。

16.面筛

常见的面筛多为钢筛,一般用于干性原料的过滤,以去除粉料中的杂质和使粉料蓬松,也可用来擦制泥蓉、去除豆皮等。

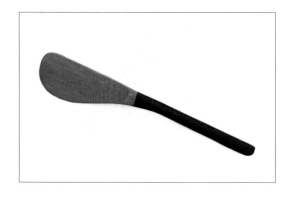

17.馅挑

馅挑有不锈钢片或竹片两种,主要作上馅用。

18.切刀

切刀在面点制作中主要用于切面剂、切馒头,也用来切配馅料。以不锈钢材质、较一般切菜刀小巧的长方形刀具为好。

19.色刷

色刷是用来给面点制品上(弹)色的工具,目前市场上暂无此类专门用具出售,一般用牙刷来代替。

20. 刷子

刷子多用于给制品刷油或刷蛋液,也用于为蒸格、烤盘等用具刷油。

21.锅具

锅具有铁质、不锈钢质、铜质、铝质等材质,铁质、不锈钢质和铜质锅具使用较多。面点中会用到的锅具大致有:用于炒馅心、炸制面点等的炒(炸)锅;用于蒸、煮面点等的水锅;用于煎、烙、贴面点等的平底锅;用于熬粥、制汤面膜等的汤锅;用于制作蛋烘糕的专用小铜锅等。

22.蒸笼

蒸笼又称笼屉、蒸格等,有竹笼、木笼、铝笼、不锈钢笼等材质,有圆形、方形等形状,是蒸制食品成熟所需的用具。现在使用相对较多的蒸笼为铝笼和不锈钢笼。竹笼、木笼保温性能较好,制品底部柔软,表面无水分,但传热相对较慢;用铝笼、不锈钢笼蒸制的食品底部较硬,表面有水蒸气,但传热较快。

23.炉灶用具

炉灶用具即在灶上工作时会经常用到的工具，如炒馅心时需用到炒勺；煮制品、炸制品捞出时需用到漏瓢、抄瓢；翻动煎制品、烙制品时需用到锅铲；翻动炸制品、捞夹面条时需用到筷子等。

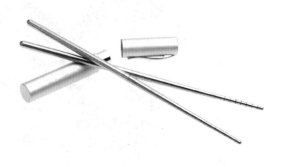

（二）工具的安全使用与清洁保养

工具的选择、使用和保养方法是否得当，直接关系到制品操作成型和食品的安全与卫生。

1.刀具的一般保养方法

在对原料进行刀工加工过程中，必须养成良好的操作习惯和使用方法。刀用完后必须用清洁的抹布擦干水分和污物，特别是切咸味、带有黏性或腥味的原料。如果切过此类原料的刀不及时进行清洁，黏附在刀面上的物质易使刀身氧化、变色、锈蚀。长时间不用的刀，应擦干后在表面涂上一层油脂，以防生锈。刀使用完后，应放在安全、干燥处，以防止刀刃损伤或伤人，也可避免刀具锈蚀。

2.灶具的一般保养方法

使用前，先把灶具上的油污擦洗干净，使用过程中注意随时保持清洁卫生，使用后先用清水洗干净，再用干抹布擦干，以免灶具表面氧化、变色、锈蚀。

3.电器的使用与保养方法

在电器的使用过程中，为了安全使用，电器应具备良好的接地线和防漏电装置，每次使用完毕,应冷却后用干毛巾擦拭干净,最好不用水洗和钢丝球擦洗,可用墨鱼骨蘸水或用洗洁精轻轻抹擦。

4.小工具的一般保养方法

每次使用完毕后,应将工具洗净、擦干,再归类、归位。确保下一次能迅速、有效地使用。

(三)厨房用具管理的注意事项

厨房用具管理是一项长期而具体的工作,要根据用具的性能和特点,结合面点工作的性质和要求,制定切实可行的设备用具管理制度,这是厨房管理的基础工作。

1.专心工作,集中精力

面点制作工作中,不仅要求操作人员的技术提升,还要求熟练使用。面点制作工作过程中要接触和使用各类刀具、电器和工具,特别是烤箱、压面机和绞肉机,工作性质和操作相对危险,所以操作人员应静心、专心,不要带着情绪操作,以免发生意外。

2.定点存放,专人保管

为了确保厨房工具与电器设备的安全使用和保养,在使用过程中应对其适当分类、成套摆放,对于常用的用具应根据其制作工艺流程,合理设计摆放位置,对于一般的工具要做到合理使用,定点存放,专人保管。

3.明确责任,专人管理

厨房设备用具是根据厨房工作的需要而购置设立的,有的厨房工具是专用的,有的是交叉使用的。为了防止厨房设备处于有人使用而无人保养维护的情况出现,必须加强厨房设备、用具的管理职责,并由专人专岗使用和保洁,做到落实到人。

4.防止污染,定期养护

在厨房工作中,工具与设备的清洁卫生很重要。加强卫生防护,可以避免造成食品污染、交叉污染的危险。在厨房中一般应做好以下几个方面:

①工具与设备必须保持清洁,并定时严格消毒。

②烹饪生熟制品的工具必须严格分开使用,以免引起交叉感染。

③对厨房工具与设备要定期检修,禁止用具带"病"运行,违规操作。

二、原料准备

(一)原料领用说明

①检查头一天剩余的原料和产品,估计客情,做到物尽其用。

②按照预计的业务量在头一天按开列的《申购单》领取原料,对领取的各种食品原料及调味料进行品质检验,凡不符合质量要求的一律拒绝领用。

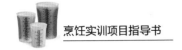

③原材料与产品做到先领先用、先做先出。

（二）主辅料（包括制作皮坯和馅料的主辅料）

1.面粉

（1）面粉的品质鉴选

①新鲜面粉：有光泽，有面香味，用手捏后自然散开，恢复原状，不易成坨。

②陈面粉：色泽发暗，手捏成坨，略有一些面香味。

③变质面粉：色泽更暗，成块，有明显的酸味和腐败味。

（2）面粉使用前的准备

①选择：面粉根据含筋量的不同分为高筋面粉、中筋面粉和低筋面粉三种。使用前应根据制作品种的要求选择相应的面粉类型。

②过筛：使用时面粉要过筛，以免混入杂质、面疙瘩或毛发等。

2.快餐玉米粉

快餐玉米粉是面点的常用原料，可用于制作玉米馒头、玉米花卷、玉米窝窝头、饼干、玉米饼、玉米烙、玉米汤羹等。纯玉米粉不易成团，一般不单独使用，而是与面粉或糯米粉搭配使用。快餐玉米粉有生玉米粉和熟玉米粉两种，制作品种、要领不一样，领用时应注意区别，同时注意保质期。

3.水磨糯米粉

水磨糯米粉以柔软、韧滑、香糯而著称，多用以制作汤圆、麻圆、叶儿粑之类的食品和家庭小吃，适用于蒸、煮、油炸、煎、烤等。领用时应注意区分种类，同时注意保质期。

4.澄粉

澄粉又称小麦淀粉、小麦澄面，是面粉去除面筋蛋白后提取出来的剩余物。其使用较为广泛，多用于皮坯面团，烫熟，蒸则口感滑爽、透亮，炸则脆香。领用时注意保质期。

5.红薯

红薯淀粉含量多，味甜，面点中常用红心红薯和紫薯。以下窖存放后的红薯最好——质地软糯、水分少、味甜，常被加工成红薯泥后与糯米粉或熟面粉揉成面团，制作成红薯饼、苕枣等。领用时注意是否新鲜，使用前应清洗干净，用时去皮、去废料。

6.土豆

土豆又名洋芋、马铃薯等，常见有山洋芋和坝洋芋两个品种，制作面点以淀粉重、质软、水分少、个大的山洋芋为好，常制成土豆泥后使用。制作土豆饼等品种时，需要加入熟面粉或糯米粉，只是添加量远小于红薯面团，领用时应注意是否新鲜，有无变色、腐烂、发芽等情况。使用前清洗干净，用时去皮、去废料。

7.猪肉

猪肉是面点制品中使用最多的制馅（臊）原料。常用前腿肉、后腿肉和五花肉。前腿肉肥瘦混杂，肉质较老，黏性较大，吸水性较强，适合用来制作大众面点的馅（臊），特别是水打馅；后腿肉皮薄质嫩，有肥有瘦，不混杂，适合制作高档面点的馅（臊）；五花肉肥瘦相连，肥多瘦少，嫩且多汁，适合制作大众面点的馅（臊），特别是熟馅。领用时注意检查原料质量是否新鲜，有没有腐烂变质的情况，如非正常的变色、有异味、粘手等。清洗干净，用时根据品种要求确定加工规格。

8.蔬菜

蔬菜可与动物性原料一起制作荤素馅，或者直接制作为素馅，也可将其榨汁后取其自然之色为面团上色等，如小白菜、菠菜、韭菜、莲白、芹菜、葱等。

蔬菜原料初加工步骤及注意事项：

①摘剔加工。将原料中不能食用的老根、叶黄、籽核、内囊、虫斑等部位剔除干净，为进一步加工做好清理工作。

②洗涤加工。原料经摘除、削剔处理后需进行洗涤加工，以进一步去除原料的泥沙、杂物、化学污染物等，以确保使用安全和食品卫生。

③原料保存。经过摘剔和洗涤后的原料保存能力减弱，比加工前更易发生变色、变味反应，且保存时间变短，所以要采取一定的措施保护原料的色彩和风味。

9. 油脂

油脂包括动物性油脂和植物性油脂，如猪油、黄油、菜籽油、大豆油、色拉油、芝麻油等，一般用于调制面团、制作馅心、炒馅、油炸。领用时注意油脂是否干净、过期；是否有异味；盛器是否干净，是否有水等。

10.膨松剂

膨松剂量是指能够使食品体积膨大、组织疏松、柔软或酥脆的一类添加剂。它能在一定条件下产生气体，使面团内部形成致密、均匀、多孔的组织，如酵母、泡打粉、小苏打、臭粉等。领用时注意保质期；是否有挥发；是否真空包装（酵母）。

11.鸡蛋

鸡蛋除了在面点制作中能起到添色、增香、提味的作用外，还具有增加营养、起泡的作用。领用时注意是否新鲜、干净；是否有异味；是否有破损，注意小心轻放。

（三）调味料

调味料是指能增加菜肴的色、香、味，促进食欲，有益于人体健康的辅助食品。它的主要功能是增进产品质量，满足消费者的感官和味觉需要，从而刺激食欲，增进人体健康。调味料中

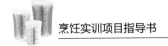

的特殊成分，能除去烹调主料的腥膻异味，突出产品的口味，改变产品的外观形态，增加产品的色泽，并以此促进人的食欲和杀菌消毒，促进消化。常用调味品主要是食盐、白砂糖、酱油、醋、味精、鸡精、料酒、胡椒粉、花椒粉、辣椒面、八角、花椒、芝麻油等。

三、制作过程注意事项

①清点制作面点时必备的工具、用具，将其清洁、整理、归顺。

②提前加工制备好经营时需要用到的汤料、面臊、馅料。

③根据当日安排的面点品种及要求，对不同性质的原料进行初步熟处理和面团的调制处理。

④根据当日安排的面点品种及经营需要，对部分面点提前加工烹制并合理放置。

⑤根据面点的成熟时间合理安排出品时间，使出品时间提前或同步于开餐时间。

⑥根据经营情况，及时补充或替换在售制品。

四、盛装销售

（一）留样检查

将昨天的留样品扔掉并清洗干净盛器，将当天烹调成熟的面点盛放在干净的盛器内，用保鲜膜封好，做好留样登记工作，放入留样柜中放置24小时。

（二）卫生

将烹调成熟的面点盛放在干净的盛器内，并用干净毛巾擦拭器皿旁边的汤汁等。

（三）展示摆放

将已盛装的面点根据要求放到指定的售卖窗口。

（四）保温

根据具体情况对盛放的面点进行恰当的保温。

五、收捡工作

经营结束后，妥善保管好剩余面点及汤料、面臊、馅料，关闭炉火，擦洗设备、炉灶、工具，清洁、整理工作区域，并将工具、用具合理放置。

（一）面点制作间卫生

清洗炉灶、蒸灶的卫生；收捡调味品，对部分调料缸进行替换并清洗；清理地面、地沟、死角卫生。

（二）售卖间卫生

清洗售卖操作台的卫生；收捡未售卖完毕的面点，待晾冷后用保鲜膜封好，放入规定的冰箱；清理地面卫生。

1.剩余原料的收捡

将没使用完的半成品用盛器装好，晾冷后用保鲜膜封好，放入规定的冰箱保存，便于下一餐或次日使用。

2.剩余成品的收捡与处理

没有售卖完的面点的去向 ｛作为工作餐食用　用容器覆盖保鲜膜密封放于冰箱冷藏或冷冻

3.使用过的容器的交接

将使用过的容器交保洁组清洗。

六、安全

面点操作人员在工作期间务必注意以下事项：

①尽量避免油、水滴落在工作区域的地面上，若有不慎将油、水等液体洒落到地面，务必及时用干的拖布处理干净，防止发生打滑摔伤事故。

②勺把和握勺的手保持清洁无油，防止因手滑出现炒勺滑脱造成意外。

③锅里烧油时，任何人不得以任何理由脱岗，以防止出现热油燃烧及伤人事故。

④在制作油炸食品时，务必注意油和原料的比例，防止制作时油泡沫溢出锅外，发生燃烧及伤人事故。

⑤搬起重物时，最好单膝跪地双腿用力，合理运用腰力；脚下一定踩稳，避免打滑，不随便扭转腰部；一个人不能搬动重物要请人帮忙，不能逞强；远距离的重物搬运可借助推车或两人抬行。

⑥操作过程中注意安全，如发生意外，轻微创伤用碘酒和创可贴简单包扎即可；创伤面积过大、过深、过疼，及时上报老师，同时做好简单的应急处理，及时安排送往医院治疗，必要时及时拨打"112"急救电话。

⑦下班离岗前必须检查水、电、气开关是否关闭，电器设备插头是否拔出。

七、卫生习惯

①切完原料前后认真洗手。

②不随地吐痰。

③不在厨房内吸烟。

④不乱扔垃圾。

⑤不在身上东抓西挠。

⑥不用工作服或围裙当抹布擦手。

八、环境保护

节约用水用电，不放长流水，不亮无人灯。

实训项目四
主食岗位实训指导

> **工作流程：**
>
> 设备工具准备→原料准备→烹调→盛装销售→收捡工作

一、设备工具准备（设备和工具）

（一）设备介绍

1.蒸饭柜

多功能蒸饭柜具有自动恒温、自动进水、缺水报警、防止干烧的特性，可用于蒸制米饭、馒头、包子、蒸类菜品、炖汤等，还可用于湿蒸、消毒，具有方便、实用、保温、环保、高效、节能、耐高温、密封严密等优点。

（1）使用规则

①作业人员操作前须经过安全培训合格后方可操作。

②作业前先检查蒸饭柜的电源线路，检查水箱水位是否在安全线上，检查浮球阀进水正常后，如不在安全线上应及时检查进水阀门有无堵塞，水阀是否处于常开状态，应保持水位处于安全线上。

③检查有无漏水、漏气现象；设备各个活动部位是否灵活，周围有无障碍物阻塞，若有，应及时清理。

（2）作业中的安全要求

①根据所需蒸制食品的种类，按要求配制用量，定制时间。

②蒸制食品前，接通水源、电源，待水箱加满水后，先进行预热，待水箱里的水沸腾产生蒸汽后，再断开电源闸刀，然后缓缓打开门锁，让蒸饭柜内的高温蒸汽泄压（应注意身体千万不可正对蒸饭柜及其门缝，应侧身避开门缝，并尽可能远离蒸饭柜），然后再开门放入要蒸制的食品，关闭柜门并锁紧，继续蒸制工作。

③蒸饭柜工作中不可打开柜门，手不可触摸柜体，以免烫伤。

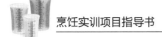
④蒸饭柜工作中不可为柜体做清洁工作，以免烫伤；不可用清水清洗，以免触电。

⑤蒸制食品熟后，泄压取物，关闭电源或蒸汽阀门（视所蒸制的食品是否需要焖制而决定是否应立即取出）。取出食品时，身体千万不可正对蒸饭柜及其门缝，应侧身避开门缝并尽可能远离蒸饭柜。缓缓打开门锁，让蒸饭柜内的高温蒸汽泄压后再取出食品，取出食品时戴上隔热手套或采用夹具取物，以防止烫伤。

⑥出现故障或危险情况时应马上关闭电源，立即告知上级主管人员及专业维修人员处理。不得擅自处理，以免造成事故。

⑦运行中如发现异常响声和操作失灵等情况，要及时切断电源，关掉气阀，迅速上报相关负责人，尽快排除故障和隐患。

⑧工作中突然断电时，应将总电开关和气阀置于关闭状态，重新工作前检查是否正常。

（3）点火的正确方法

①准备工作。打开鼓风机开关和灶头的风阀，排除灶内的余气后再关闭灶头的风阀。关闭炒灶的全部燃气阀，然后打开燃气管道上的总阀。

②点火顺序。打开点火枪气阀并将其点燃，再将点火枪靠近灶头的常明火处，打开火种气阀并点燃火种，再打开主火燃气阀，点燃燃烧器，接着打开鼓风机和风阀，使火焰猛烈燃烧。

③火焰调节。调节灶台气阀和风阀可以调节火焰的大小。

④停火顺序。先关闭燃气总阀，然后关闭风机开关、灶头气阀（包括常明火阀）和风阀。

蒸饭柜

（4）使用结束后操作流程

①工作结束后，必须先关闭电源。

②检查蒸饭柜侧下方卸压阀是否残余多余蒸汽，废气排放通道是否通畅，千万不可用重物压住或堵塞，也不可用外接管道来排放蒸汽，以免管道堵塞造成意外事故。

③应经常检查浮球阀是否正常，进水是否畅通，如发现进水处结垢、堵塞，应尽快进行处理，以免造成缺水干烧。

④每次使用及冷却后要放尽水箱中的余水，保证每周清除

水垢两次,以防水垢在浮球阀及发烧管上聚积,引起球阀堵塞及发热管干烧。

⑤如遇结垢(不可用尖利硬物来铲除水垢),可用5%的柠檬酸溶液注入水箱中加热煮沸15分钟,浸泡1小时,再煮沸15分钟,然后将水垢清除,放走箱底中的污水,再用清水洗几遍即可。

⑥清洁机体外围及机底时不可用喷水管进行清洗,以免溅湿电器部件引发触电事故。

⑦若电源引线老化或绝缘层破坏,必须立即停止使用,并更换相同规格型号的电源引线后方可继续使用。

⑧长期停用或进行维修时必须切断总电源、放尽箱底余水并擦拭干净。

2. 燃气炉灶

燃气炉灶

鼓风式燃气炉灶又称鼓风燃气炒炉,由台面、侧板、炉具燃烧器、鼓风机、主火煤气阀、水阀、承力架、承力脚等构成。其中台面材料、面板和侧板均用不锈钢板;炉具用鼓风炉头,鼓风机为中压风机,主火控制开关采用专用煤气阀;承力架为角钢,承力脚用不锈钢可调节脚。鼓风燃气炒炉,可适用气体为天然气、液化石油气,具有节能、环保的特点,火力迅猛、调节快慢随意、操作方便、安全可靠。鼓风式双头燃气炒炉是中餐厨房重要炉具设备之一。在主食岗位上主要作用是煮制面条和炒饭。

(1)点火的正确方法

①准备工作。打开鼓风机开关和灶头的风阀,排除灶内的余气后再关闭灶头的风阀。关闭炒灶的全部燃气阀,然后打开燃气管道上的总阀。

②点火顺序。打开点火枪气阀并将其点燃,再将点火枪靠近灶头的常明火处,打开火种气阀并点燃火种,再打开主火燃气阀,点燃燃烧器。接着打开鼓风机和风阀,使火焰猛烈燃烧。

燃气炉灶

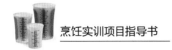

③火焰调节。调节灶台气阀和风阀可以调节火焰的大小。

④停火顺序。先关闭燃气总阀,然后关闭风机开关、灶头气阀(包括常明火阀)和风阀。

(2)炉灶的清洁保养与维护

①灶体清洁。每班烹调作业完成后,要保持灶台的清洁卫生。在清洗灶体时,不要用水冲洗,以免水进入风机电机内。

②对燃烧器头部的污物要定期清理,以免堵塞部分出火孔而产生黄火焰。如出现火孔或喷嘴堵塞现象,可用与孔径相适应的钢针疏通,但切勿用力过猛而将喷嘴孔扩大。

③定期擦拭排烟罩的油污,以免影响排烟效果。

④经常检查供气配套设施,如输气管头、燃气阀等是否有漏气现象,软管是否老化,接头固定卡是否松动。

(二)工具

炒勺、刷把、清洁球、随手毛巾、干净毛巾、淘米器具、蒸饭格(盘)、长竹筷子(捞面条用)、漏瓢等。

二、原料准备

(一)原料领用说明

①检查头一天剩余的米饭和面条,估计今天客情,做到物尽其用。

②按照预计的业务量,按头一天开列的《申购单》领取原料,对领取的各种原料进行品质检验,凡不符合质量要求的一律拒绝领用。

③剩余产品的加热。

④原材料与剩余产品做到先领先用、先做先出。

(二)原料介绍

1.籼米

籼米是用籼型非糯性稻谷制成的米。它属于米的一个特殊种类,米色较白,透明度比其他种类差一些。米粒细长形或长椭圆形,蒸煮后出饭率高,黏性较小,米质较脆,加工时易破碎,横断面呈扁圆形,颜色白色透明的较多,也有半透明和不透明的。根据稻谷收获季节,分为早籼米和晚籼米。早籼米米粒宽厚而较短,呈粉白色,腹白大,粉质多,质地脆弱易碎,黏性小于晚籼米,质量较差。晚籼米米粒细长而稍扁平,组织细密,一般是透明或半透明,腹白较小,硬质粒多,油性较大,质量较好。煮食籼米时,因为吸水性强,膨胀程度较大,所以出饭率相对较高,比较适合做米饭、炒饭。领用时注意以下几点:

①查看原料是否超出保质期。

②查看米质是否新鲜，有无异味。 新大米色泽新鲜，有清新香味；新米表面有粉状物或白纹沟，或有少量黄粒。如果是陈米，则灰粉重，杂质大，黄粒多，且有霉味、生蛀虫、结硬块等情况，其味道及营养价值均不佳。

③ 确定吃水量。先淘米，再装半蒸盘的籼米，最后放入冷水（水位高出米面2厘米）。

④蒸制时间为上汽后75~90分钟。

2.粳米

粳米是非糯性稻谷制成的米，米粒一般呈椭圆形。餐饮业中常用的珍珠米、东北大米即为粳米。粳米黏性大，胀性小，出饭率低，蒸出的米饭具有黏稠的特点。按其粒质和粳稻收获季节的不同又分为早粳米和晚粳米。早粳米腹白较大，硬质颗粒较少；晚粳米腹白较小，硬质颗粒较多。领用时注意以下几点：

①查看原料是否超出保质期。

②查看米质是否新鲜，有无异味。质量高的米颗粒整齐，富有光泽，比较干燥，无米虫，无沙粒，米灰极少，碎米极少，闻之有股清香味，无霉变味。质量差的大米，颜色发暗，碎米多，如果是陈米，则灰粉重，杂质大，黄粒多，且有霉味、生蛀虫、结硬块等情况，其味道及营养价值均不佳。

③确定吃水量。先淘米，再装半蒸盘的粳米，最后放入冷水（水位高出米面1厘米）

④蒸制时间为上汽后75~90分钟。

3.机制面条

市场上采购来的机制面条。领用时注意以下几点：

①是否新鲜，有麦香味，无异味。

②根据所做品种选择机制面条，如凉面选用加碱的机制面条；汤面选用不加碱的机制面条。

③煮面时应火旺、水开、水宽，过程要"点水"2~3次。

三、操作过程注意事项（此外还包括生产过程的安全保护）

①清点操作时必备的工具、用具，将其清洁、整理、归顺。

②提前加工好经营时需要用到的米饭、凉面。

③根据当日安排菜肴及烹调要求，对不同性质的原料进行初步熟处理，如米饭、炒饭类米饭要稍干、散的饭；凉面要提前把面条煮好、晾冷透彻。

④根据当日安排菜肴及经营需要，对部分菜肴提前加工烹制并合理放置。

⑤根据菜肴的成熟时间合理安排出菜时间，使出菜时间提前或同步于开餐时间。

⑥根据经营情况，及时补充或替换在售菜品。

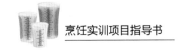

四、盛装销售

（一）留样检查

将昨天的留样品扔掉并清洗干净盛器，将当天烹调成熟的主食盛放在干净的盛菜器皿内，用保鲜膜封起，做好留样登记工作，放入留样柜中保存24小时。

（二）卫生

将烹调成熟的主食品种盛放在干净的盛器内，并用干净毛巾擦拭器皿旁边的汤汁等。

（三）展示摆放

将已盛装的主食品种根据要求放到指定的售卖窗口。

（四）保温

根据具体情况对盛放的米饭和面食进行恰当的保温。

五、收捡工作

经营结束后，妥善保管好剩余主食，关闭炉火，擦洗设备、炉灶、工具，清洁整理工作区域，并将工具、用具合理放置。

（一）主食制作间卫生

清洗蒸饭柜、炉灶的卫生；收捡工具；清理地面、水沟、死角卫生。

（二）售卖间卫生

清洗售卖操作台的卫生；收捡未售卖完毕的主食，待晾冷后用保鲜膜封好，放入规定的冰箱；清理地面卫生。

（三）剩余原料的收捡

将没使用完的原料用盛器装好，晾冷后用保鲜膜封好，放入冰箱规定的位置保存，便于下一餐或次日使用。

（四）剩余主食的收捡与处理

没有售卖完的主食的去向 ⎰ 作为工作餐食用
⎱ 用容器密封放于冰箱冷藏或冷冻

（五）使用过的容器的交接

将使用过的容器交保洁组清洗。

六、安全

主食操作人员在工作期间务必注意以下事项：

①尽量避免油水滴落在工作区域的地面上，若有不慎将油水等液体洒落到地面，务必及时用干的拖布处理干净，防止出现打滑摔伤事故。

②煮面时应注意火旺、水开、水宽，过程要"点水"2~3次，防止操作过程中面汤过于浓稠，继续加热很容易溢出锅外烫伤人。

③蒸制米饭时，任何人不得以任何理由脱岗，防止出现干蒸事故。

④搬起重物时，最好单膝跪地双腿用力，合理运用腰力；脚下一定踩稳，避免打滑，不随便扭转腰部；一个人不能搬动重物要请人帮忙，不能逞强；远距离的重物搬运可借助推车或两人抬行。

⑤操作过程中注意安全，如发生意外，轻微创伤用碘酒和创可贴简单包扎即可；创伤面积过大、过深、过疼，及时上报老师，同时做好简单的应急处理，及时安排送往医院治疗；必要时及时拨打"112"急救电话。

⑥下班离岗前必须检查水、电、气开关是否关闭，电器设备插头是否拔出。

七、卫生习惯

①淘米前后认真洗手。

②不随地吐痰。

③不在厨房内吸烟。

④不乱扔垃圾。

⑤不在身上东抓西挠。

⑥不用工作服或围裙当抹布擦手。

八、环境保护

节约用水用电，不放长流水，不亮无人灯。

实训项目五
保洁岗位实训指导

> 工作流程：
>
> 设备工具准备→洗涤剂准备→洗涤→收捡工作→环境保护

一、工具的准备

1.扫把与撮箕

扫把和撮箕是餐饮工作中收捡垃圾最为常用的清洁工具。对于餐厅公共区域而言，小小的它们能发挥出大大的优势，例如一些角落、缝隙，以及干燥的地面都能做到物尽其用。扫把通常由高粱、塑料以及其他合成类的原料制成，大小也有很多类别。

2.拖布

拖布又称墩布、拖把等，是用于擦洗地面的长柄清洁工具。通常有圆形、胶棉、拧水拖把等。针对餐厅及后厨的地面，考虑到油渍、水渍的影响，建议采用胶棉材质的拖把为好，其吸水力很强且工作面积比较大。

3.抹布

抹布是用于擦拭物体表面,使其清洁所用的纺织品,多为棉制品。抹布对于卫生死角而言,它就是克星。建议使用吸水能力很强的棉质抹布。

4.毛刷

毛刷是一种源于中国的传统劳作工具,大致可分为民用和工业两种。餐厅通常使用毛质较软的民用毛刷,主要是为了防止材质过硬刮伤一些木质家具,其作用在于祛除污渍。

5.百洁布

百洁布有工业和民用之分。工业百洁布主要用于装饰装潢,金属打磨、抛光等。民用百洁布是厨房清洁用品,多与洗洁精配合使用,能彻底去除厨房用品的污渍,也可用于洗刷锅具、碗碟等。

6.水槽

水槽主要供厨房洗菜,洗碗筷等。洗菜分生、熟。洗碗分三连池——冲、洗、刷。

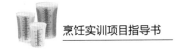

二、洗涤剂介绍

1.洗洁精

洗洁精为家用日常清洁用品,环保、安全,泡沫柔细,能迅速分解油腻,快速去污、除菌,气味芬芳,洗后光亮如新。

2. 洗衣粉

洗衣粉是指粉状(粒状)的合成洗涤剂。它以表面活性剂为主要成分,并配有适量不同作用的助洗剂。

3.肥皂

肥皂能溶于水,有洗涤去污作用。肥皂包括香皂(又称盥洗皂)、金属皂和复合皂。

4.洗手液

去除污垢、杀菌消毒是洗手的主要目的。而洗手液只能满足其杀菌的作用,因为大多数洗手液中都含有酒精,酒精不能有效地去除附着在皮肤细小缝隙中的一些污物,如灰尘、泥土、血渍等,所以,一旦手上沾染此类污物,仅用洗手液是不够的。使用洗手液的前提是先把这些污物去除掉。因此,这种情况下应该先使用肥皂洗手,而不要单纯使用洗手液。

5.食用碱

食用碱主要成分是碳酸钠,在用传统面肥发面中用于中和多余的酸性,此过程称之为"揣碱"。也可以用它去除蔬菜的残留农药,可迅速分解,所以用碱水浸泡是去除蔬菜残留农药污染的有效方法之一,并且还可以去除油渍。

三、洗涤

(一)特色餐厅的卫生保洁

①无论餐前、餐中还是餐后,均必须保持餐桌区域的整洁和卫生。

②清洁范围包括地面、桌椅、门窗玻璃、墙裙、空调、备餐柜等。

③大厅地面、过道、桌椅、墙裙、空调的卫生清洁由相应区域的保洁人员负责完成,备餐柜清洁由各区域人员负责。

(二)具体清洁标准

①地面必须达到无杂物、无油渍、无水渍,尤其是死角,必须注意无遗漏灰尘及杂物堆积。

②凳子无尘土,无油斑。

③备餐柜无油渍,无污渍,台面必须干净,无腻手现象,干燥光亮,柜内分类摆放整齐,清洁卫生。

④墙裙无油渍, 无污渍, 无浮灰, 无破损。

⑤空调及出风口无尘土, 无污渍, 清洁卫生。

⑥餐具光亮、无油渍、无异味、无指纹、无干燥水痕。

⑦毛巾无破损、无油渍、无异味, 堆放整齐。

⑧门窗无污渍、无灰尘、无蛛网, 无破损, 无油漆脱落痕迹。

⑨灯具灯罩、灯筒清洁无灰尘, 无蛛网, 金属光亮。

⑩窗帘清洁, 悬挂美观, 挂钩无脱落。

⑪门锁把手正常、清洁, 所有开关、插头正常、干净。

⑫灭火器压力正常, 内外干净。

⑬用餐人员走道、楼梯无烟蒂, 无纸屑, 无痰渍, 无垃圾, 扶手、柱子无灰尘。

⑭垃圾筒光洁干净。

⑮无 "四害" (蚊、蝇、蟑螂、鼠)。

⑯绿色植物洁净, 花盆内无杂物、无烟头、碎纸屑等。

⑰明档卫生干净, 玻璃明亮。

（三）餐具、盛器的消毒

①用餐过程中及时回收餐盘, 放入指定洗碗间进行清洗, 做到污进洁出。

②餐饮器具清洗消毒应严格按一刮、二冲、三浸泡、四清洗、五消毒、六保洁的顺序操作:

一刮: 用塑料铲清除餐具内的残余物。

二冲: 用清水冲掉油污及杂物。

浸泡: 用配有消毒药品的溶液浸泡15分钟左右。

清洗: 用清水洗净。

消毒: 放入消毒柜内充分消毒或在开水内煮15分钟。

保洁: 放在指定位置, 保持清洁, 避免污染。

③餐具、盛器清洗消毒后, 摆放要相对集中, 餐具距离相等, 按照图案、花纹、颜色、大小整齐划一地摆放在指定的位置。

④餐具、盛器的消毒及摆放应符合规范标准, 做到既清洁卫生, 又方便使用。

（四）保洁人员个人卫生

①应保持良好的个人卫生, 操作时应穿戴清洁的工作服、工作帽(专间操作人员还需戴口罩), 头发不得外露, 不得留长指甲, 涂指甲油, 佩戴饰物。

②操作时手部应洗净。接触直接入口食物时, 手部还要进行消毒。

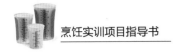

③接触直接入口食品的操作人员在有以下情形时应洗手：

开始工作前。

处理食物前。

上卫生间后。

处理生食物后。

处理油污设备或清洗饮食用具后。

咳嗽、打喷嚏或擦鼻子后。

触摸动物性原料或处理废物后。

从事任何可能会污染双手的活动，如处理货品、执行清洁任务后。

四、收捡工作

做完清洁后，把卫生工具清理干净后整齐地摆放好。毛巾、拖布等卫生工具必须消毒后摆放在通风处晾干或晒干，以便下次使用。

五．环境保护

节约用水用电，不放长流水，不亮无人灯。